TRAITÉ PRATIQUE

D'ARITHMÉTIQUE

USUELLE

CONTENANT TOUTES LES OPÉRATIONS ORDINAIRES DU CALCUL
ET INDIQUANT LA MANIÈRE DE FAIRE ET DE VÉRIFIER LES BORDEREAUX
FACTURES, NOTES, MÉMOIRES, ETC.
ET ACCOMPAGNÉ DE PLUS DE 1300 EXERCICES OU PROBLÈMES
ET DE 8 PLANCHES

A l'usage des Écoles, des Marchands, des Agriculteurs et des Ouvriers.

Par C.-A. CHARDON, instituteur.

OUVRAGE ADOPTÉ

par la Société des Instituteurs et des Institutrices de Paris
et par la Société pour l'instruction élémentaire de Lyon.

NEUVIÈME ÉDITION.

PARIS

HACHETTE, libr. de l'Université, rue Pierre-Sarrazin, 14.
DELALAIN, libr., rue des Mathurins-St-Jacques, 5.
L. COLAS, libr., rue Dauphine, 26.
MAIRE-NYON, libr., quai Conti, 13.
LAROUSSE et BOYER, libr., rue Saint-André-des-Arts, 49.
PÉRISSE, libr., rue Saint-Sulpice, 38, et à Lyon.
PÉLAGAUD, libr., rue des Saints-Pères, 56, et à Lyon.
Chez l'AUTEUR, rue Neuve-d'Orléans, 54, à Montrouge (Paris).
Et chez les Libraires classiques de Paris et des Départements.

1856

TRAITÉ PRATIQUE

D'ARITHMÉTIQUE

USUELLE

CONTENANT TOUTES LES OPÉRATIONS ORDINAIRES DU CALCUL
ET INDIQUANT LA MANIÈRE DE FAIRE ET DE VÉRIFIER LES BORDEREAUX
FACTURES, NOTES, MÉMOIRES, ETC.
ET ACCOMPAGNÉ DE PLUS DE 1300 EXERCICES OU PROBLÈMES
ET DE 8 PLANCHES

A l'usage des Ecoles, des Marchands, des Agriculteurs et des Ouvriers.

Par C.-A. CHARDON, instituteur.

OUVRAGE ADOPTÉ
par la Société des Instituteurs et des Institutrices de Paris
et par la Société pour l'instruction élémentaire de Lyon.

NEUVIÈME ÉDITION.

PARIS

HACHETTE, libr. de l'Université, rue Pierre-Sarrazin, 14.
DELALAIN, libr., rue des Mathurins-St-Jacques, 5.
L. COLAS, libr., rue Dauphine, 26.
MAIRE-NYON, libr., quai Conti, 13.
PÉRISSE, libr., rue Saint-Sulpice, 38, et à Lyon.
PÉLAGAUD, libr., rue des Saints-Pères, 56, et à Lyon.
Chez l'AUTEUR, rue Neuve-d'Orléans, 54, à Montrouge (Paris).
Et chez les Libraires classiques de Paris et des Départements.

1856

OUVRAGES DE C.-A. CHARDON.

Petit Dessin linéaire des commençants, orné de 32 Planches gravées sur acier, contenant 280 Figures ou Dessins simples et gradués, avec le texte en regard des Planches. Prix, cart., 1 fr.

Dessin linéaire élémentaire, Géométrie et Arpentage Ornés de 20 Planches gravées sur cuivre, contenant 356 Figures ou Dessins, avec le texte en regard des planches; accompagnés de 300 Problèmes géométriques, d'un Formulaire d'actes sous seing privé et d'un Questionnaire. *Ouvrage approuvé et recommandé par la Société des Instituteurs et des Institutrices de Paris.* (7e *édit.*) cart., 1 fr. 75

La Première Partie traité des Lignes, des Surfaces et des Corps, du Tracé des Perpendiculaires, des Parallèles, des Angles, de la Division des Lignes et de la Circonférence, de la Réduction des Polygones, de la Mesure des Longueurs et des Hauteurs inaccessibles, du Nivellement, de l'Arpentage, de la Division des Terrains réguliers et irréguliers, du Lever des Plans, des Instruments du Raccordement des Lignes, des Moulures; avec 8 Planches de Dessins gradués et variés.

Dessin linéaire supérieur et Architecture. Ornés de 28 Planches gravées, contenant 427 Figures ou Dessins, avec le texte en regard, et suivi d'un Dictionnaire spécial, 2e *édit.* Prix, cart., 2 fr. 25

La Deuxième Partie traite des Rosaces de la Menuiserie, de la Serrurerie, de la Maçonnerie, de la Mécanique, des Machines, des Outils, des Ustensiles de ménage, de l'Architecture, des 5 Ordres d'Architecture appliqués à des Monuments, à des Eglises, à des Maisons, des Projections, de la Perspective, de l'Ornement, du Paysage et des Fleurs.

Arithmétique élémentaire, contenant 400 Exercices, 400 Problèmes et 4 planches, 23e *édit.* Prix, cart. 75 c.

Arithmétique élémentaire avec solutions. Prix, 1 fr.

Solutions des 1300 Exercices ou Problèmes, par la méthode de l'unité et par les proportions. Prix, 75 c.

Le Traité pratique d'Arithmétique avec les Solutions. Prix, cart. 2 fr. 25

Nouveau Traité des Poids et Mesures métriques, orné de 4 planches, 4e *édit.* Prix, 25 c.

Nouvelle Méthode de Lecture et d'Ecriture, pour apprendre simultanément à lire et à écrire en peu de temps. 2e *édit.* Prix, cartonnée, 20 c.

Grands Tableaux de la méthode de lecture. Prix, 1 fr. 20

Nouvelles notions de Géographie et de Cosmographie. Prix, 40 c.

Géographie et Atlas de 10 cartes coloriées à teintes plates, avec le texte en regard des cartes. Prix, 1 fr. 50

Grand Atlas de Géographie moderne, composé de 17 Cartes, coloriées à teintes plates, avec texte. Pr., 4 fr. 50

PREFACE.

Au milieu des progrès qui se manifestent de toutes parts dans les arts, dans l'industrie, l'instruction n'est pas demeurée stationnaire, elle a perfectionné ses méthodes, et partout on abandonne la routine pour suivre une voie plus rationnelle et plus intelligente.

Mais ce qui manque encore dans les écoles, ce sont des livres à la portée des élèves, et qui, tout en leur facilitant l'étude et la rendant plus agréable, diminuent la tâche des maîtres. En un mot, il faut des livres qui soient faits pour ceux qui ignorent et non pour ceux qui savent, comme ne le sont que trop souvent les livres classiques.

Tant que les ouvrages élémentaires ne seront pas pratiques, à la portée des élèves par leur clarté et leur simplicité, et surtout d'un prix accessible à tous, l'instruction primaire languira.

C'est pour combler une lacune qui existe dans les livres sur l'arithmétique que j'ai entrepris ce travail, et je me suis efforcé de lui faire justifier son titre de *Traité pratique d'Arithmétique et de Géométrie.*

Cet ouvrage est divisé en trois parties :

La Première partie comprend la numération, l'addition la soustraction, la multiplication et la division. La solution de toutes les difficultés que présentent ces deux dernières opérations est rendue facile par de nombreux exemples que leur clarté dispense d'explications. Comme application, chaque règle est suivie de 100 exercices et de 100 problèmes, qui servent aussi de récapitulation.

La Deuxième partie contient un nouveau Traité des poids et mesures métriques, des instruments de pesage et des monnaies ; tout ce qu'il est utile et nécessaire d'en connaître est indiqué d'une manière claire et concise.

La Troisième partie, ou complément de l'arithmétique élémentaire, traite des proportions, de la méthode de l'unité et de leur application aux règles de trois, d'intérêt, d'escompte, de société, d'alliage, de temps, etc., etc. Elle est suivie d'un abrégé de géométrie pratique, et terminée par des modèles de mémoires, de factures, de billets, etc.; elle indique les moyens de faire ou de vérifier tous les comptes qui se présentent ordinairement dans les usages de la vie.

Chaque partie est traitée d'une manière complète, en raison de son importance et renferme souvent plus de principes et de détails utiles que beaucoup d'ouvrages plus volumineux.

Au moyen de cette division en trois parties, l'élève peut se ne procurer que la partie dont il a besoin, ce qui lui en facilite l'acquisition.

Il me reste à remercier le public et mes confrères du bienveillant accueil qu'ils ont fait aux premières éditions; chaque édition épuisée en peu de temps prouve que cet ouvarge répond à un besoin généralement senti. Je m'empresserai de tenir compte de toutes les améliorations qui me seront signalées.

AVIS AUX PERSONNES

Qui veulent étudier seules l'Arithmétique

Démontrer l'utilité de l'Arithmétique, ce serait vouloir prouver une vérité connue de tout le monde. Mais ce qu'il est utile de faire remarquer, c'est que l'étude de cette science, dont les applications sont de tous les jours, de tous les âges et de toutes les conditions, n'offre pas de très-grandes difficultés; ce qui le prouve, c'est que tous ceux qui se sont distingués dans cette branche des connaissances humaines ont étudié sans maîtres avec le seul secours des ouvrages spéciaux. Seulement il faut une ferme volonté, de la patience et une grande constance pour acquérir les premières connaissances; les autres n'offrent plus qu'un plaisir qui s'accroît et grandit sans cesse.

Comme dans l'Arithmétique tout est rigoureux, que tout se lie, et s'enchaîne, les premières règles bien comprises aident à comprendre les suivantes : car il n'y a que quatre règles fondamentales, toutes les autres ne sont que l'application et la combinaison de l'addition, de la soustraction, de la multiplication et de la division.

On ne saurait trop le répéter, pour celui qui veut étudier la science des nombres, il ne lui faut que du temps et de la bonne volonté.

Les personnes qui veulent étudier toute l'Arithmétique doivent suivre l'ordre de l'ouvrage; mais celles qui n'en voudraient connaître qu'une partie peuvent passer de suite à la règle qui leur est nécessaire.

Pour étudier avec fruit, il est très-important de ne passer aux problèmes que lorsqu'on a fait plusieurs fois les exemples et bien compris la manière d'opérer.

C. A. Charton

ARITHMÉTIQUE

ÉLÉMENTAIRE.

PREMIÈRE PARTIE.

NOTIONS PRÉLIMINAIRES.

1. L'*Arithmétique* est la science des nombres; elle en considère la nature et les propriétés; son but est de donner des règles sûres et faciles pour représenter les nombres, les augmenter et les diminuer.

2. Un *nombre* exprime combien il y a d'unités ou de parties d'unité dans une quantité.

3. L'*unité* est la chose que l'on a en vue, comme terme de comparaison, lorsqu'il s'agit de compter ou de désigner combien il y en a de semblables dans une quantité.

EXEMPLES. Cinq francs, trente mètres, six heures : le franc, le mètre, l'heure sont des unités.

4. On appelle *quantité* tout ce qui est susceptible d'augmentation ou de diminution : l'étendue, la durée, le poids sont des quantités.

5. Le *Calcul* est l'art d'écrire les nombres, de les augmenter, de les diminuer et de les combiner les uns avec les autres au moyen de diverses opérations fournies par l'Arithmétique.

6. Le Calcul se borne à la pratique des opérations, l'Arithmétique joint la théorie à la pratique.

7. Les opérations fondamentales de l'Arithmétique, sont : l'Addition, la Soustraction, la Multiplication et la Division; on les appelle fondamentales, parce que toutes les autres opérations, même les plus compliquées, ne sont que la combinaison de celles-là.

8. L'Addition et la Multiplication servent à augmenter les nombres; la Soustraction et la Division à les diminuer.

9. On nomme *problème* toute proposition qui renferme une question à résoudre.

10. La résolution d'un problème comprend deux choses : la *solution*, qui indique les opérations qu'il faut faire pour remplir toutes les conditions du problème; et le *calcul*, qui est l'exécution des opérations indiquées par la solution.

DÉNOMINATION DES NOMBRES.

On distingue plusieurs espèces de nombres.

11. Les nombres *abstraits* sont ceux dont on ne désigne pas l'espèce des unités, comme 8, 26, 249, etc.

12. Les nombres *concrets* sont ceux dont on désigne l'espèce des unités, comme 8 francs, 26 mètres, 849 maisons.

13. Les nombres *entiers* sont ceux qui ne se composent que d'unités entières, comme 8, 64, 245 litres, 306 francs.

14. Les nombres *décimaux* sont ceux qui contiennent des unités et des décimales,

comme 5 unités 25 centièmes, 64 mètres 5 décimètres.

15 Les nombres *complexes* sont ceux dont le système de décomposition n'est pas décimal, comme 4 jours 6 heures 12 minutes 45 secondes.

16. Les nombres *pairs* sont ceux qui peuvent se partager en deux nombres égaux et entiers : tous les nombres terminés par 2, 4, 6, 8 et 0 sont pairs.

17. Les nombres *impairs* sont ceux qui ne peuvent se partager en deux nombres égaux et entiers : les nombres terminés par 1, 3, 5, 7 et 9 sont impairs.

18. Un nombre est *multiple* d'un autre, lorsqu'il le contient plusieurs fois exactement.

19. Un nombre est *sous multiple* d'un autre, lorsqu'il est contenu dans ce nombre plusieurs fois exactement.

Ainsi, 15, 25, 30, sont les multiples de 5, parce qu'on les obtient en multipliant 5 par 3, par 5 et par 6; et 3, 5, 6 sont les sous-multiples de 30, parce qu'ils sont contenus un nombre exact de fois dans ce nombre.

20. On appelle nombres *premiers* ceux qui n'ont pas de sous-multiples, tels sont : 1, 3, 5, 7, 11, etc.

EXPLICATION

DES SIGNES ET DES ABRÉVIATIONS.

$+$ signifie plus ou l'addition.
$-$ . . . . . . moins ou la soustraction.
$\times$ . . . . . multiplié par.
: . . . . . . divisé par, ou est à.
:: . . . . . . comme.
$=$ . . . . . égale.

F ou fr. . . franc.
c. ou cent. centimes.
m. . . . . . mètre.
k. . . . . . kilogramme ou kilomètre.
hect. . . . hectogramme, hectolitre ou hectare.
gr. . . . . gramme.
p o/o. . . . pour cent.
x. . . . . . terme inconnu.
R. . . . . . réponse.

NUMÉRATION.

21. La numération est l'art de former les nombres, de les énoncer et de les représenter.

22. Elle se divise en numération parlée et en numération écrite.

23. La *numération parlée* enseigne à énoncer tous les nombres avec une petite quantité de mots, nommés noms de nombres, ce sont : un, deux, trois, quatre, cinq, six, sept, huit, neuf, dix, onze, douze, treize, quatorze, quinze, seize, vingt, trente, quarante, cinquante, soixante, cent, mille, million, billion, trillion.

24. La *numération écrite* apprend à représenter tous les nombres avec dix caractères, nommés chiffres, ce sont :

1	2	3	4	5	6	7	8
Un,	deux,	trois,	quatre,	cinq.	six,	sept,	huit,

9	0.
neuf,	zéro.

Parlée.	*Ecrite.*	*Parlée.*	*Ecrite.*
Un	1	Trente-sept	37
Deux	2	Trente-huit	38
Trois	3	Trente-neuf	39
Quatre	4	Quarante	40
Cinq	5	Quarante-un	41
Six	6	Quarante-deux	42
Sept	7	Quarante-trois	43
Huit	8	Quarante-quatre	44
Neuf	9	Quarante-cinq	45
Dix	10	Quarante-six	46
Onze	11	Quarante-sept	47
Douze	12	Quarante-huit	48
Treize	13	Quarante-neuf	49
Quatorze	14	Cinquante	50
Quinze	15	Cinquante-un	51
Seize	16	Cinquante-deux	52
Dix-sept	17	Cinquante-treis	53
Dix-huit	18	Cinquante-quatre	54
Dix-neuf	19	Cinquante-cinq	55
Vingt	20	Cinquante-six	56
Vingt-un	21	Cinquante-sept	57
Vingt-deux	22	Cinquante-huit	58
Vingt-trois	23	Cinquante-neuf	59
Vingt-quatre	24	Soixante	60
Vingt-cinq	25	Soixante-un	61
Vingt-six	26	Soixante-deux	62
Vingt-sept	27	Soixante-trois	63
Vingt-huit	28	Soixante-quatre	64
Vingt-neuf	29	Soixante-cinq	65
Trente	30	Soixante-six	66
Trente-un	31	Soixante-sept	67
Trente-deux	32	Soixante-huit	68
Trente-trois	33	Soixante-neuf	69
Trente-quatre	34	Soixante-dix *	70
Trente-cinq	35	Soixante-onze	71
Trente-six	36	Soixante-douze	72

Parlée.	*Ecrite.*	*Parlée.*	*Ecrite.*
Soixante-treize	73	Quatre-vingt-dix-sept	97
Soixante-quatorze	74	Quatre-vingt-dix-huit	98
Soixante-quinze	75	Quatre-vingt-dix-neuf	99
Soixante-seize	76	Cent	100
Soixante-dix-sept	77	Deux cents	200
Soixante-dix-huit	78	Trois cents	300
Soixante-dix-neuf	79	Quatre cents	400
Quatre-vingts *	80	Cinq cents	500
Quatre-vingt-un	81	Six cents	600
Quatre-vingt-deux	82	Sept cents	700
Quatre-vingt-trois	83	Huit cents	800
Quatre-vingt-quatre	84	Neuf cents	900
Quatre-vingt-cinq	85	Mille	1000
Quatre-vingt six	86	Deux mille	2000
Quatre-vingt-sept	87	Trois mille	3000
Quatre-vingt-huit	88	Quatre mille	4000
Quatre-vingt-neuf	89	Cinq mille	5000
Quatre-vingt-dix *	90	Six mille	6000
Quatre-vingt-onze	91	Sept mille	7000
Quatre-vingt-douze	92	Huit mille	8000
Quatre-vingt-treize	93	Neuf mille	9000
Quatre-vingt-quatorze	94	Dix mille	10.000
Quatre-vingt-quinze	95	Cent mille	100.000
Quatre-vingt-seize	96	Million	1.000.000

Dix millions	10.000.000
Cent millions	100.000.000
Billion ou milliard	1.000.000.000
Dix billions	10.000.000.000
Cent billions	100.000.000.000
Trillion	1.000.000.000.000

---

* Dans l'est et le midi de la France, au lieu de *soixante-dix*, *quatre-vingts* et *quatre-vingt-dix*, on dit *septante*, *octante*, *nonante*, ce qui est plus conforme à l'analogie.

Parlée.	*Écrite.*
Deux cent trente-un	231
Huit cent vingt-neuf	829
Neuf cent quatre-vingt-trois	983
Quatre mille huit cent quatorze	4.814
Soixante mille cent trente-six	60.136
Vingt quatre mille cent cinquante	24.150
Cinq cent soixante-dix-sept	577
Six mille sept cent quarante-cinq	6.745
Quatre cent douze mille trois cent deux	412.302
Cent quatre mille trois cent huit	104.308
Douze mille deux cent trente-sept	12.237
Deux cent un mille quatre cents	201.400
Quatre millions neuf cent mille huit cent douze	4.900.812
Trois millions sept cent cinquante mille quinze	3.750.015
Soixante-dix millions quatre-vingt-trois mille trente	70.083.030
Six cent deux millions huit cent mille quatre-vingt-un	602.800.081
Quarante-sept millions cinq cent cinquante mille vingt	47.550.020
Vingt-quatre millions neuf mille huit cent onze	24.009.811
Quinze millions sept cent vingt-six mille treize	15.726.013
Deux billions quarante-sept millions trois mille deux cents	2.047.003.200
Dix-huit trillions soixante-cinq billions seize mille neuf cents	18.065.000.016.900

25. Pour lire facilement un nombre de plusieurs chiffres, il faut le partager par des points, en tranches de trois chiffres, en commençant par la droite, la dernière tranche à gauche pouvant

avoir moins de trois chiffres, et leur donner les noms suivants : *unités*, *mille*, *millions*, *billions*, *trillions*, puis lire chaque tranche, comme si elle était seule, en donnant aux unités les noms de la tranche, soit à lire le nombre 87.654.021.904.567.

du	cdu	cdu	cdu	cdu
87.	654.	021.	904.	567.
trillions.	billions.	millions.	mille.	unités.

Ce nombre se lit : quatre-vingt-sept *trillions*, six cent cinquante-quatre *billions*, vingt-un *millions*, neuf cent quatre *mille*, cinq cent soixante-sept *unités*.

26. Les chiffres ont deux valeurs : une valeur absolue qui est celle qu'ils ont étant pris isolément, et une valeur relative qui dépend du rang qu'ils occupent. Ainsi, dans 236, la valeur absolue du 2 est deux, et sa valeur relative est deux cents; la valeur absolue du 3 est trois, et sa valeur relative trente ou trois dizaines; le 6 n'a que sa valeur absolue étant placé au premier rang.

DÉCIMALES.

27. Les décimales sont des parties dix fois, cent fois, mille fois, etc., plus petites que l'unité, et qui sont successivement de dix en dix fois plus petites les unes que les autres.

28. Ces parties se nomment dixièmes (0,1), centièmes (0,01), millièmes (0,001), etc., suivant qu'elles sont contenues dix fois, cent fois, mille fois, dans l'unité.

29. On écrit les décimales à la droite des

entiers, en les séparant de ces derniers par une virgule; le premier chiffre à droite de la virgule représente les dixièmes, le second les centièmes, le troisième les millièmes, et ainsi de suite en allant de gauche à droite; lorsqu'il n'y a pas d'entiers, on met à la gauche de la virgule un zéro qui en tient la place.

3o. Les zéros placés à la droite des décimales n'en changent pas la valeur.

Exemple. o,5 = o,5o = o,5oo = o,5ooo etc.

NUMÉRATION DES DÉCIMALES

Parlée.	*Ecrite.*
Six dixièmes	o,6
Cinq centièmes	o,o5
Huit millièmes	o,oo8
Trois dix-millièmes	o,ooo3
Trente-cinq centièmes	o,35
Six cent cinquante-deux millièmes	o,652
Six unités vingt-cinq millièmes	6,o25
Dix-neuf unités sept cent six millièmes	19.7o6
Six cent huit millièmes	o,6o8
Deux cent trois unités quatre dixièmes	2o3,4
Cinq unités sept centièmes	5,o7
Quatre mille cinq cent soixante-dix-huit dix-millièmes	o,4578
Six unités cinq cent quatre-vingt-douze millièmes	6,592
Huit cent vingt-un millièmes	o,821
Vingt unités soixante-cinq centièmes	2o,65
Mille unités cinquante centièmes	1ooo,5o
Deux unités quatre cent un mille trente-cinq millionièmes	2,4o1.o35
Six cent trente-six dix-millièmes	o,o636

Parlée.	*Écrite.*
Quatre unités cinq cents millièmes	4,500
Mille huit unités cinq millièmes	1.008,005
Quatre-vingt-quinze millièmes	0,095
Cinq cent quatre-vingt-dix millièmes	0,590
Sept cent quarante-cinq dix-millièmes	0,0745
Quatre-vingt-sept dix-millièmes	0,0087
Neuf cent trois unités trente millièmes	903,030
Six mille cent huit millioniémes	0,006.108
Mille huit unités quatre vingt-cinq millièmes	1.008,085
Soixante-dix unités trois cent quatre-vingt-quinze millièmes	70,395
Vingt mille trente-six unités huit mille cinq dix-millièmes	20.036,8005
Trois mille sept unités six cent quatre-vingt-sept dix-millièmes	3.007,0687
Trois cent quatre unités six cent soixante-quinze millièmes	304,675
Soixante-cinq mille huit cent cinquante-sept cent-millièmes	0,65.857
Trente-cinq mille six cent-vingt-cinq millioniémes	0,035.625
Quatre millions trente mille six unités cinq millièmes	4.030.006,005
Vingt-six unités sept cent vingt-cinq mille quinze millioniémes	26,725.015
Quinze mille trois unités trente-cinq centièmes	15.003,35
Trois mille huit cent quatre-vingt-quinze dix-millièmes	0,3895
Soixante-dix mille sept cent trois unités quatre dix-millièmes	70.703,0004

C'est en vain qu'on l'esuite, il sçait
se faire aimer,
Qui combat ses desirs, estime sa
prudence
Et bien souuent sa complai-
sance
Fait qu'insensiblement, on s'en
laisse charmer.

Cet esprit complaisant qu'il a pour
son partage
Fait qu'il n'en trouue point qu'ai-
zement il n'engage;
Son merite luy donne vn si puissant
credit
Qu'il peut sur tous les cœurs, rem-
porter la victoire
Et que l'on trouue de la gloire
A ceder aux attraits qu'estalle son
esprit.

Mais quel moyen aussi de s'en pouuoir deffendre
Puis qu'il n'a rien en luy, qui ne puisse surprendre
Qu'il a le cœur sensible, obligeant, genereux,
Qu'auec ces qualitez, dont il se sert pour plaire
Il sçait encor l'art de se taire
Et que c'est en amour, le secret d'estre heureux.

Aussi rien n'est si doux, que lors qu'on est aimée
D'vn amant accomply, dont nostre ame est charmée
On ne peut s'empescher, de souffrir vn vainqueur
Qui sçait auec tant d'art nous descouurir son ame

Et ioindre aux transports de
sa flame
Tant de discretion, d'appas & de
douceur.

Cleante ayant acheué nous nous trouuasmes en peine de chercher vn Iuge, car d'vn costé Climene vouloit l'emporter & nous soutenions Belise & moy, qu'elle n'auoit pas raison : & elle ayant pris la parole dit, qu'elle ne s'en rapporteroit point à nostre iugement. Belise de son costé s'obstinoit à vouloir vn Iuge desinteressé, & enfin ce debat ayant duré quelque temps, ie leur proposé de vous prendre pour arbitre. Cet expedient ayant esté trouué le meilleur, l'on me chargea de vous escrire la chose comme elle s'estoit passée & Cleante s'obligea de m'enuoyer les raisons de son party; ainsi ie vous enuoye à peu pres tout ce qui fut dit en cette agreable conuersation.

IVGEMENT DE CALISTE.

Touchant la proposition agitée dans les deux Dialogues precedents.

BIEN que i'aye suiet de me plaindre de l'honneur que lon m'a fait, de me rendre Iuge d'vne question aussi delicate que celle que vous me proposez & que Belise, Climene,

Cleante & vous (que ie consens de connoistre par le nom d'Alcippe) auez si galamment traittée, que ie vous accuse en secret de m'auoir plustost choisie que les Sapho, les Sophronies, & les Octauies, qui sont infiniement plus capables d'en iuger que moy. Ie ne laisseray pas de vous en escrire ma pensée, sans vouloir que l'on s'en rapporte à ce que i'en diray; mais seulement pour respondre à la ciuilité de vostre illustre compagnie & m'acquitter en quelque façon de ce que ie luy dois.

Ce que l'on me propose est sans mentir vne affaire de plus grande consequence au sexe que lon ne croit, puis que selon moy, le choix d'vn amant est d'vne derniere importance pour vne femme; & cependant quelque precaution qu'elle y puisse apporter elle risque tousiours beaucoup, ainsi lon pouroit auancer qu'en ce rencontre il faut hazarder & suiure son inclination, qui aussi-bien quand on ne la suit pas volontairement ne nous sçait que trop entraisner malgré nous : ce n'est pas que ie ne sois persuadée que lon ne fasse souuent naistre l'inclination ou la plus forte antipathie sembloit regner, & qu'il ne soit vray que la veuë d'vn grand merite l'emporte quelquefois sur toute autre chose, & qu'ainsi il ne faille consulter lequel est plus digne du choix general des belles du galand de Cour, ou de celuy de ville; mais il est certain que la simpathie a bien du pouuoir pour regler ce merite. Puis toutefois qu'il faut pencher de quelque costé & qu'il faut regler entre quatre riuaux, lequel sera preferé. Ie diray que le Courtiſan dont vous auez fait le portrait, attachera toutes celles qui par vn vſage de la Cour, eſgal au ſien, auront appris l'art de diſſimuler & qui ayant quelque reſſemblance en leur façon d'agir, auront ſans doute raiſon d'incliner de ſon coſté; mais comme la ville eſt plus grande que la Cour, l'approbation que receura le Financier & l'homme de Iuſtice de Cleante eſtant plus general, il ſera plus generalement eſtimé, & attirera le choix d'vn plus grand nombre de belles. Pour le plumet que vous tracez auec des traits auſſi delicats que lon en puiſſe mettre en vſage, il aura vn grand empire chez les Coquettes, qui ſe payent de bonne mine & d'enjoüement, & elles luy donneront d'abord leur approbation, ſans examiner s'il a le ſolide, comme il a les apparences,& pour le galand de robe, comme la douceur eſt ſon partage & que la douceur eſt vn des plus grands charmes de la vie, il ne poura manquer d'auoir le ſuffrage de toutes celles, qui aiment veritablement à eſtablir vne belle amitié, & dont l'intelligence ſoit de durée.

CALISTE.

FIN.

6 pied de haut

7 ½ pieu

26 pieds à [illegible]

Il faut laisser
pie en bas vide
et puis en pierres
Il faut passe de
quartier a 4 pouce
en quatre pouce

1632
35

1667

7
9 –
4
5
7 – Check
1 –
5 –
7 –
1

48

40
16
17 – 14
79 – 14 –
80
159

X X X X

www.ingramcontent.com/pod-product-compliance
Ingram Content Group UK Ltd.
Pitfield, Milton Keynes, MK11 3LW, UK
UKHW020301220726
13923UKWH00002B/981